PLURALITÉ

DE

L'ESPÈCE HUMAINE

PAR

le Docteur A. MILLOT

Membre de la Société Académique de l'Oise

~~~~~~~~~~~~~~~~

BEAUVAIS

IMPRIMERIE EUGÈNE LAFFINEUR, PLACE SAINT-MICHEL, 13

—

1873

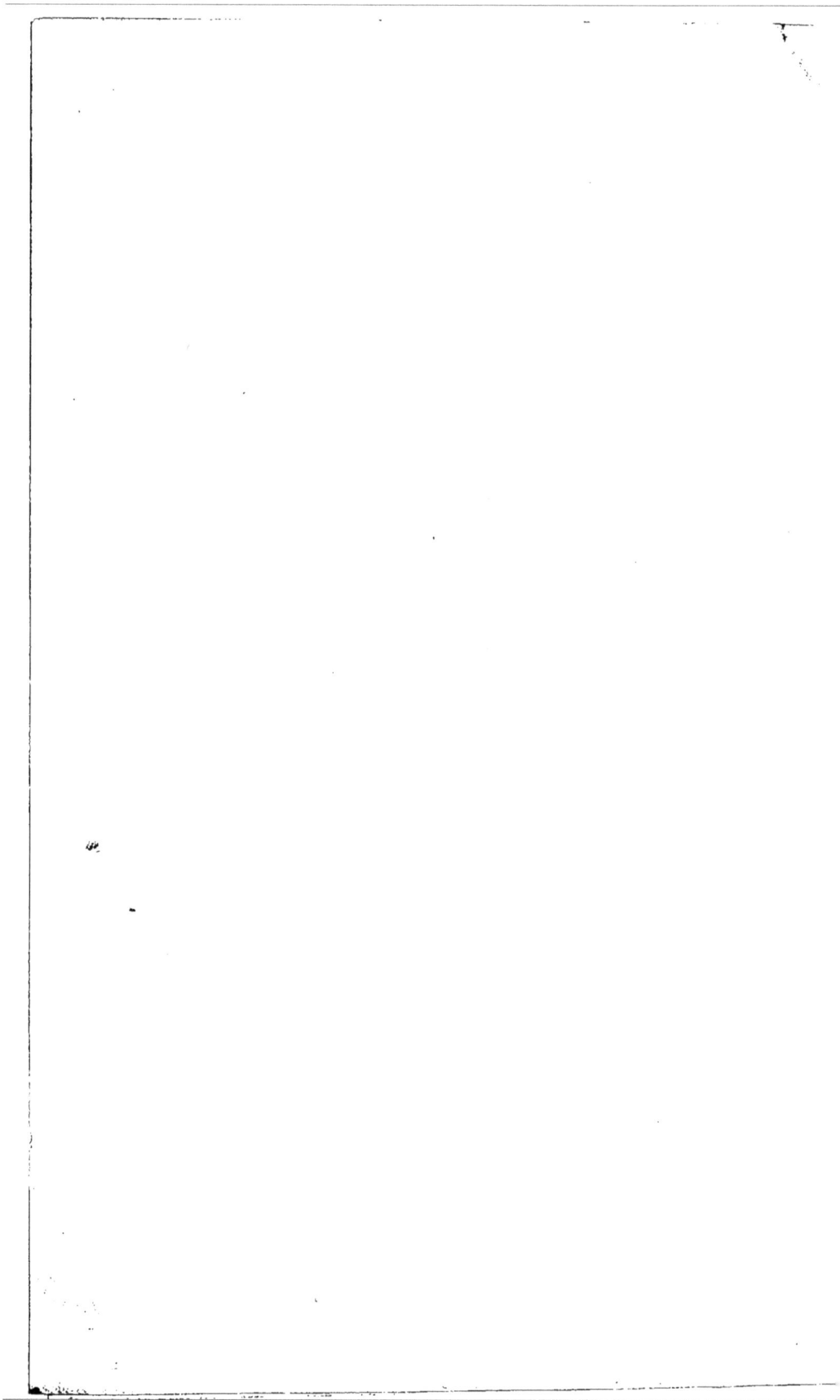

31 mars 1873.

A Messieurs les Membres de la Société Académique de l'Oise.

MESSIEURS,

Le petit travail que je vous présente aujourd'hui est tout entier d'observation et de raisonnement; il est donc un peu en dehors de la science *proprement dite*. Il m'est tout à fait personnel, et j'en accepte, en conséquence, seul, la responsabilité. Je ne réclame pour lui que toute votre bienveillance.

Dr A. MILLOT,

de Mello (Oise),

Membre de la Société Académique.

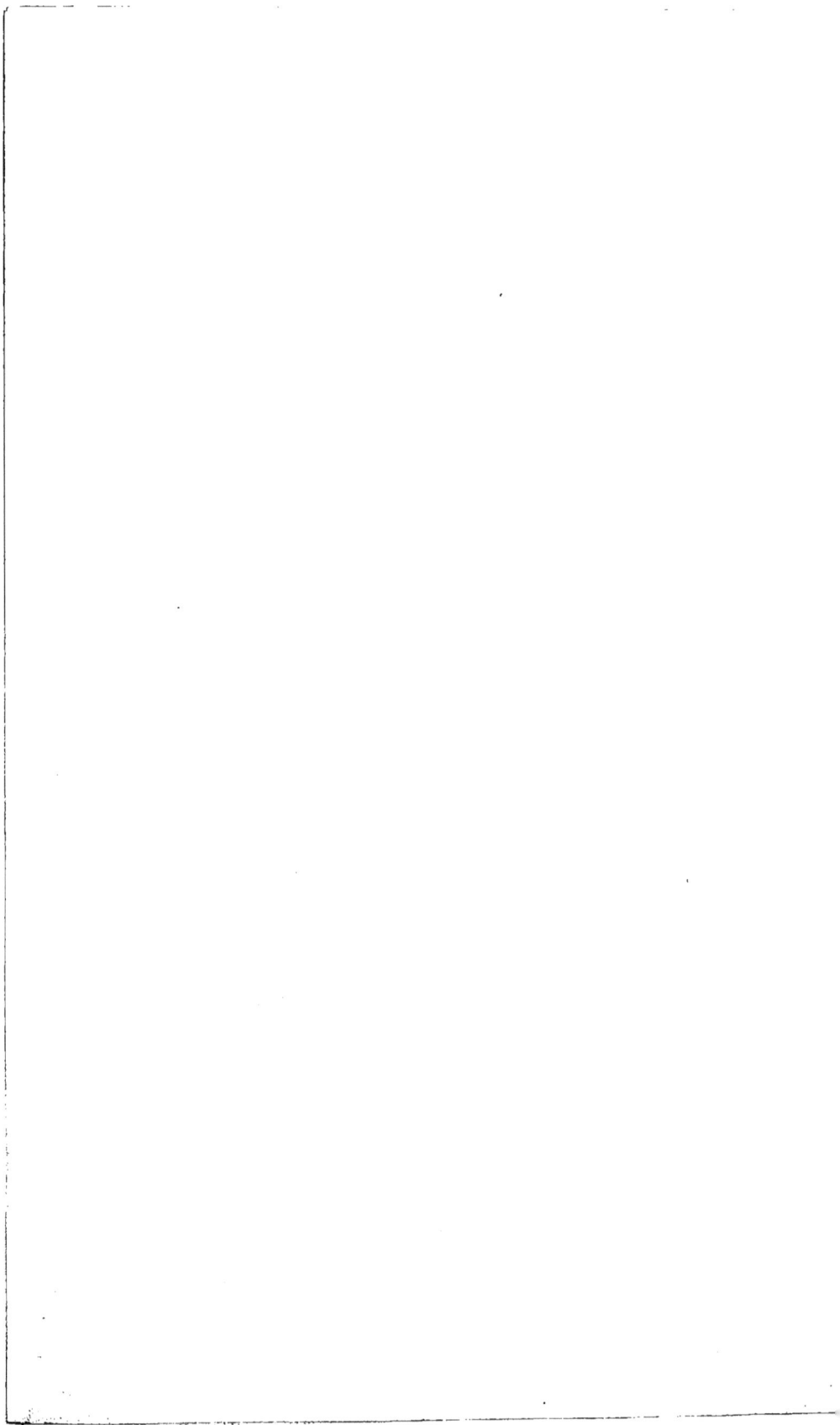

PLURALITÉ DE L'ESPÈCE HUMAINE

Sur cette question, bien des travaux ont été faits, pour ou contre, par des hommes éminents en science et en talent ; permettez-moi de les passer sous silence et de venir vous exprimer seulement mon opinion *personnelle* sur ce sujet. Et tout d'abord, je dis : Dieu a créé *plusieurs races d'hommes* pour peupler la surface de notre globe. Non-seulement il a créé la race caucasique, la race mongolique, la race éthiopique, la race rouge ou cuivrée, mais encore il a créé *plusieurs couples de chaque race* qu'il a disséminés çà et là sur le globe terrestre ; ces couples eux-mêmes diffèrent entre eux par des points essentiels, et ces différences ne sont pas dues aux *influences climatériques*, ni données par *la sélection*.

Si l'on compare ensemble les sujets types des différentes races, on trouve chez eux des caractères très-essentiels et tout particuliers qui indiquent d'une manière absolue qu'il est impossible de les rapprocher d'un type unique ou de les faire découler d'une même source, si l'on n'a pas l'idée préconçue de les ramener à la même origine. Et pour mieux démontrer ce que j'avance et l'appuyer sur des faits, prenons les types chez lesquels ces différences sont le plus sensibles : le type caucasique et le type nègre.

Ces deux types diffèrent entre eux d'abord *par la couleur de la peau* qui, quoiqu'on en dise, n'est pas le résultat de l'influence climatérique. En effet, ceux d'entre nous qui

habitent au Sénégal ou dans l'Ethiopie ne prendront jamais
la couleur noire particulière au nègre, couleur qui est due
non pas à l'influence du soleil, mais bien à la sécrétion particulière du pigmentum sous-cutané. L'épiderme du nègre
est brun, il n'est noir que par transparence; c'est le derme
qui est noir ou mieux bistré. La blessure dans laquelle l'épiderme a été enlevé laisse voir une cicatrice brun forcé : car
la sécrétion pigmentaire du nègre est bistre, et le soleil n'a
pas la possibilité d'influencer cette sécrétion. Du reste, nous
savons que chez le nègre, ou *l'appareil veineux est plus déve-
loppé que l'appareil artériel*, le sang y est plus visqueux, plus
foncé que celui de la race blanche, et que la *sécrétion cutanée*
a une odeur *sui generis*, indépendante des graisses dont il se
frotte la peau, et d'autant plus forte que le sujet s'éloigne
davantage du type caucasique.

Sous les ardeurs du soleil tropical, le blanc devient brun,
mais ici c'est l'épiderme seul qui est atteint; la sécrétion
pigmentaire reste blanche. Car il est dans la nature, dans
l'essence de l'individu de race blanche d'avoir le derme
blanc ; le hâle dont se couvre l'homme des champs diffère
essentiellement de la teinte bistrée du nègre. N'importe où
ira, où vivra, où naîtra l'homme de race blanche, il restera
blanc; et, réciproquement, le nègre aura toujours sa couleur originelle quelque soin que vous preniez pour la faire
disparaître.

Un couple caucasique donne-t-il naissance à un enfant
noir sous les tropiques? Et le couple africain engendre-t-il
un blanc au milieu de nous?

Si nous observons le nègre dans la conformation du corps,
nous ne trouvons pas moins de différences. Les *cheveux crépus*
sont une marque distinctive inhérente à la race nègre, et ce
genre de cheveux se transmet de génération en génération ;
c'est un des caractères essentiels de la race éthiopique et
que l'on ne retrouve point dans la race caucasique.

Les *lèvres lippues* et le *nez épaté* ne sont-ils point encore un
caractère de race sur lesquels encore le climat n'a point de
prise, et qu'il ne saurait modifier?

Le *développement du cerveau* n'est-il pas moindre chez le

nègre que dans les autres races? L'*angle facial* n'est-il pas
aussi une modification typique? Le nègre est-il *prognathe* ou
orthognathe? Et l'*intelligence* de la race éthiopique est-elle à
comparer à celle des peuples de race différente? Le développement de la partie occipitale ou postérieure n'est-il pas
bien plus considérable chez les individus de race noire, et le
peu de développement du frontal et de la masse cérébrale
qu'il renferme laisse-t-il un doute sur la prédominence des
instincts et sur l'infériorité de l'intelligence?

Vous comparerais-je les *courbures de la colonne vertébrale,*
beaucoup moins prononcées dans la race éthiopique que
dans la race blanche, ce qui force le corps du nègre à se
pencher plus en avant? Vous parlerais-je du *raccourcissement,*
plus prononcé que chez nous, des membres inférieurs, de
l'*allongement* plus considérable des membres supérieurs?
Toutefois, ces différences nous les trouverons encore plus
sensibles chez les peuplades océaniennes que chez les nègres,
et elles nous montreront une tendance de plus en plus considérable des derniers types du genre homme à se rapprocher de la race quadrumane pour former la transition entre
la race caucasique et l'animal proprement dit.

Mais, messieurs, à toutes ces différences si essentielles
pourtant, si caractéristiques, qui nous démontrent une si
profonde différence entre les deux races et doivent nous les
faire considérer comme *deux espèces* parfaitement distinctes,
et tellement tranchées que, dans la classification animale ou
végétale, on rencontre rarement tant de caractères aussi
nets, aussi distinctifs entre les espèces voisines, *il faut en
ajouter une* qui est plus caractéristique encore, et sur laquelle
j'appelle toute votre attention.

Vous savez, messieurs, que s'il est un principe absolu dans
la nature, c'est celui qui ne permet pas à deux espèces différentes de se reproduire ou au moins de donner naissance à
des produits féconds, c'est-à-dire pouvant se reproduire,
pouvant donner naissance à des êtres semblables à eux.
Lorsque deux espèces différentes s'accouplent, il n'y a, le
plus ordinairement, aucun résultat, et si parfois il y a production d'un être, celui-ci tient le milieu entre ses parents;

pour les formes extérieures, il participe aux caractères qui distinguent l'un et l'autre ; mais il en diffère essentiellement en ce qu'il est infécond, il ne peut se reproduire, *il est un métis*. Tel l'accouplement de la jument et de l'âne ; telles les différentes sortes du genre chien, quand elles ne sont pas de simples variétés ; tel l'accouplement du blanc et de la négresse.

Non pas toutefois que le mulâtre soit absolument infécond, mais l'observation attentive de ce produit nous démontre que sa fécondité est excessivement restreinte, surtout s'il s'accouple à une mulâtresse. Bientôt, comme chez les léporides, le descendant d'un couple mulâtre revient au type primitif pur, noir ou blanc, selon que la prépondérance du sang de l'un des parents l'emporte sur l'autre. Le type mulâtre disparaît après une série très-limitée de naissances et le type pur reparaît.

Ainsi, dans l'accouplement du type caucasique avec le type éthiopique, il y a production d'un mulâtre qui est presque infécond, et si parfois il peut reproduire, c'est à la condition qu'il choisira pour l'accouplement une blanche ou une négresse, et il produira une quarterone, puis une créole ; mais s'il s'unit à une mulâtresse, il y aura une fécondation excessivement limitée.

En effet, messieurs, il n'y a pas une population de mulâtres issue de parents mulâtres. Pour perpétuer les mulâtres, il faut l'accouplement de deux êtres de race pure, blanche et noire ; voilà ce que démontre l'observation attentive de cette variété de l'espèce humaine.

Si cette loi de la nature n'existait pas, si les métis étaient féconds, les espèces animales se mélangeraient, et il y aurait bien vite confusion des espèces, ce qui n'a pas lieu.

Or, messieurs, puisque le mulâtre est si peu fécond, c'est donc que les races blanche et noire sont deux espèces différentes : elles ne peuvent donc descendre de la même souche ; il a donc fallu que le Créateur fît un couple blanc et un couple noir, et qu'entre les deux couples, il y eut à peu près toute la différence qui sépare dans la nature les êtres de deux espèces différentes.

Si l'accouplement de la race blanche et de la race noire donne lieu à un être presque infécond, ce produit sera certainement infécond si la race s'éloigne davantage. Car je regarde comme s'éloignant davantage la race autochthone de l'Australie, la race des sauvages des îles océaniennes. C'est dans ces races que l'on trouve, indépendamment des caractères spéciaux à la race éthiopique, ces caractères si prononcés de *dépression du frontal*, de *développement de l'occipital* et de la partie postérieure des pariétaux ; l'*angle facial*, qui diffère déjà de tant de degrés chez l'habitant du Congo comparé à l'angle facial de la race caucasique, est ici bien moins ouvert encore ; aussi voyons-nous l'*intelligence* presque nulle, et, chez eux, les *instincts* différer peu de ce que nous les trouvons dans la race animale proprement dite. Le *poids spécifique du cerveau* déjà inférieur chez le nègre est plus petit encore ici ; le *prognatisme*, c'est-à-dire la projection en avant des dents et de la mâchoire inférieure, est très-prononcé ; les *membres supérieurs sont démesurément longs* ; les *jambes sont grêles* ; la *petitesse des muscles du mollet* est significative, comme l'allongement des pieds ; les *courbures de la colonne vertébrale* ne sont presque point apparentes ; les différences si essentielles dans le *langage*, les *mœurs*, les *habitudes*, la *manière de vivre*, les *instincts* grossiers et féroces, le *peu de sociabilité*, la difficulté de se plier à la *civilisation*, font des sauvages des îles océaniennes une population ou mieux *une espèce* qui diffère autant des nègres que ceux-ci diffèrent de la race blanche. Les sauvages sont des êtres qui forment la transition entre l'homme et la bête ; ils se rapprochent du genre quadrumane, dont les premières espèces ressemblent peut-être plus au genre *homo* que certaines peuplades de naturels de la Mélanésie ou de la Micronésie.

Aussi, messieurs, je ne m'arrête pas à demander avec Voltaire : « Adam est-il noir ou blanc ? » Je dis : *Dieu a créé plusieurs races*, et il les a faites de telle sorte que, en considérant la race caucasique comme étant la plus parfaite créée jusqu'à ce jour autant par les formes extérieures que par l'intelligence, il a créé un autre couple de race mongolique qui est moins parfait que le premier sans en différer

*

beaucoup, mais qui est supérieur à la race éthiopique ; et, entre les deux premières races ou espèces, il a placé la race cuivrée ou américaine qui a des aptitudes tellement différentes des races de l'ancien continent qu'il nous répugne de l'admettre comme descendant du même couple, et surtout parce que nous ne voyons pas, autrement que par des suppositions invraisemblables, tant elles sont d'une exécution difficile, comment les hommes de l'ancien continent seraient venus peupler le nouveau, et pourquoi le Créateur aurait laissé sans habitants une si vaste étendue de terre.

Toutefois, nous admettrons facilement que dans l'Amérique il se trouve un mélange de races caucasique et cuivrée donnant naissance à des produits indéfiniment féconds, et formant une race intermédiaire qui peut se propager : entre autres les Gauchos, issus du mélange des Espagnols et de la race naturelle jaune de l'Amérique méridionale, qui se perpétuent en ayant même les qualités physiques et intellectuelles supérieures à chacune des deux races mères. Car entre la race blanche et la race jaune ou cuivrée, qui se suivent immédiatement dans l'ordre des races, il y a une différence de conformation trop peu sensible pour qu'un semblable résultat vienne contredire ce que nous avons avancé ; car moins les différences physiques sont tranchées, moins le métisme se fait sentir.

Enfin, au-dessous des races dont nous venons de parler, plaçons les races des îles de l'Océanie, les tribus sauvages, les naturels dont l'aspect seul nous fait demander si ce sont des hommes, et qui diffèrent trop des types décrits pour ne pas voir dans la création de ces êtres une maille nouvelle de la grande chaîne qui, commençant à l'homme et finissant à la monade, nous montre l'infinie variété des êtres vivants qui sont à la surface du globe.

Et je dis plus encore, Dieu a créé plusieurs *couples de la même race* qui ont été disséminés çà et là dans les endroits où l'on retrouve le même type, mais avec quelques modifications toutefois.

En effet, prenons les types que nous connaissons particulièrement et observons-les. N'est-il pas évident que dans les races il y a des variétés comme dans les plantes : tel le type allemand, le type anglais, le type espagnol; nous distinguons l'homme du Nord de l'homme du Midi, le Chinois du Japonais, le nègre à cheveux crépus du nègre à cheveux plats. D'où viennent ces variétés qui se reproduisent d'âge en âge, qui se perpétuent chez les descendants et qui ne s'effacent que quand il y a fusion des types, mais se perpétuent chez les produits de types semblables? Car enfin nous ne voyons pas les bossus, les boîteux, les borgnes transmettre à leurs descendants les vices de leur conformation physique?

Quelquefois pourtant il arrive que des difformités, des variations de formes se transmettent aux descendants, surtout si l'on réunit deux êtres ayant les mêmes altérations; mais bientôt la variété s'efface peu à peu, puis disparaît complètement, et le type primitif reparaît dans toute sa pureté. Une variété animale ne se perpétue pas d'âge en âge, elle ne s'engendre pas indéfiniment, et pour l'obtenir durable il faut recourir à la sélection première. Tel le mérinos Graux de Mauchamp.

Et si je voulais entrer plus avant encore dans ces différences que je signale et les pousser jusqu'à leur dernière limite, je vous dirais que la médecine observe que, toutes conditions égales d'ailleurs, il y a une *différence dans l'accouchement* des femmes, selon que le père de l'enfant est ou n'est pas du type ou de la variété de la mère, c'est-à-dire que l'accouchement est facile entre sujet du même type, et trop facile ou trop laborieux si le père de l'enfant est d'une variété plus faible ou plus forte que la mère. C'est un point d'observation que je me réserve un jour de démontrer avec M. Serres, du Muséum, mon vénérable et regretté professeur d'anthropologie.

Passant maintenant à un autre ordre d'observation; je dis que la production de la race noire ne peut être le résultat de la *sélection*.

Aujourd'hui, parmi les populations de la race caucasique, voyons-nous naître des individus rappelant dans leur conformation physique *tous* les caractères essentiels et distinc-

tifs de la race nègre? Un individu qui naît avec des cheveux
crépus n'aura probablement pas la couleur noire; naît-il
avec des lèvres lippues, mais il a les cheveux plats! Il a le
teint brun, mais il n'a pas la dépression frontale et la prédominence occipitale, et ces vices de conformation il ne les
transmet pas à ses descendants. Pour admettre un couple
nègre originaire de la race blanche (1), il faut supposer deux
individus qui sont venus, juste à point à la même époque,
ainsi conformés dans les deux sexes, et qui, élevés jusque-là
par leurs parents, sont devenus tout à coup le paria des
leurs; puis ces individus, homme et femme noirs, venus on
ne sait d'où, se sont rencontrés, non moins à point, sur la
même portion de notre globe, s'y sont accouplés, et ont
donné naissance à une race à laquelle ils ont transmis toutes
leurs difformités d'âge en âge, sans dégénérescences, sans
changements, sans modifications, comme si un bossu trans-
mettait indéfiniment sa gibbosité à ses descendants, et un
bôiteux avait tous ses enfants ayant le même raccourcissement des membres. L'exception n'a jamais fait loi, surtout
dans la nature; et un être disgrâcié, quand il s'accouple,
donne naissance à des produits le plus ordinairement parfaitement conformés; le fait a lieu même quand les parents
sont difformes tous les deux; ou bien ils ne se reproduisent
pas. Le général Tom-Pouce n'a pu avoir de descendants;
et des parents d'une taille au-dessus de l'ordinaire n'ont
souvent que des enfants d'une taille moyenne et réciproquement.

Et ces difformités physiques chez le nègre se *sont-elles*

---

(1) Je devrais dire : « Un couple blanc originaire de la race nègre. » Car
je démontrerai, dans un travail que je prépare sur l'*Apparition des êtres à
la surface du globe* que la race nègre a précédé la race blanche, et que
cette race, comme les races océaniennes disparaîtra la première non pas
seulement absorbée, refoulée par la race blanche, mais parce que, dans la
succession des êtres, il est de loi que l'espèce la plus ancienne disparaisse
la première, comme ont disparu les espèces animales antédiluviennes,
comme disparaissent aujourd'hui petit à petit les pachydermes qui ont paru
sur la terre au moment où les mamouths et autres ont commencé à disparaître.

accentuées avec les années? S'il en est ainsi, quand ont-elles commencé? Quand et pourquoi se sont-elles arrêtées? Le nègre d'aujourd'hui en quoi diffère-t-il du nègre des premiers âges? Ne le voyons-nous pas, sur les monuments les plus antiques, représenté, dessiné tel qu'il est aujourd'hui? S'il est né avec cette conformation du premier coup, alors le Créateur l'a donc formé ainsi tout d'abord ; différant du premier jet de la race qui l'entourait, ayant des caractères spéciaux qu'il a transmis et transmet encore à ses descendants? Mais c'est ce que nous voulons démontrer !

Est-ce une question de *climat,* de *nourriture* qui l'a rendu ce qu'il est? Mais quand il vit au milieu de la race blanche ou de la race jaune, quand il retourne près du berceau de ses aïeux prétendus, change-t-il en quelque chose? Redevient-il ce qu'étaient ses ancêtres avant le malheur physique qui les a frappés? Quand la race caucasique habite les parages des nègres a-t-elle les cheveux crépus, les lèvres lippues, la peau noire, le système veineux plus prononcé, le sang plus visqueux et plus foncé? Voyez la tribu des Aurès qui, depuis si longtemps, habite le pied de l'Atlas, sans se mélanger aux tribus environnantes, a-t-elle changé?

Alors ce n'est donc pas une question de *sélection,* de *temps,* de *climat,* de *nourriture.*

Ce que je viens de dire sur la race caucasique et la race nègre je l'appliquerais aussi bien à la race mongolique, et je vous démontrerais de la même façon qu'il y a autant de différences entre la race caucasique et la race mongolique qu'il y en a entre celle-ci et la race éthiopique. La même différence, les mêmes caractères typiques existent entre ces trois races, qu'entre elles et la race australienne et la race des îles océaniennes; partout les mêmes différences, partout aussi les mêmes variétés de conformation physique, s'éloignant plus ou moins du type, tout en s'y rattachant par des caractères spéciaux, comme les plantes d'une même famille qui diffèrent d'une espèce à l'autre, qui forment des variétés, tout en appartenant à la même espèce, au même genre, à la même famille.

Il y a un *genre homme,* la plus parfaite des créatures jusqu'à ce jour, je l'admets; mais dans ce genre, il n'y a pas seulement des variétés, il y a aussi des *espèces* essentiellement différentes entre elles, et par conséquent ne pouvant pas provenir d'un couple unique. Et pourquoi Dieu qui a créé un ou plusieurs couples de chaque sorte d'animaux ou de plantes, espèces, genres, familles, qu'il a disséminés de tous côtés, n'aurait-il créé qu'un seul couple d'hommes pour peupler notre globe? Pourquoi cette dérogation à ce que nous voyons dans l'univers et aux lois de la nature? L'homme, par son corps, est-il autre chose qu'un animal? Eh bien, pourquoi Dieu en le créant aurait-il fait une exception à la création?

Mais j'empiète ici sur la seconde partie de ma démonstration, celle due au *raisonnement*, et dont je veux vous entretenir maintenant.

Natura non facit saltus, comment donc admettre que le Créateur aurait passé d'un bond à la création d'un être aussi supérieur, dans la nature, que l'est l'homme caucasique à la création de l'animal proprement dit? Est-ce que dans la série des êtres qui couvrent le globe nous voyons une aussi grande différence? Pour passer d'une famille à une autre dans la classification des êtres, pour passer d'un genre, d'une espèce, au genre, à l'espèce voisine, le naturaliste n'est-il pas souvent très-embarrassé pour savoir au juste auquel appartient l'être qu'il a devant lui? Tant la transition est insensible dans les animaux, comme dans les plantes, comme dans les minéraux. Les caractères se fondent en nuances insensibles. Les polypes sont un merveilleux exemple de ce que j'avance; le madrépore avec sa consistance de pierre, sa forme d'arbuste, est-il un minéral, un végétal ou un animal? Et Dieu aurait passé de l'homme caucasique au singe? Car, messieurs, je repousse absolument cette supposition que l'homme n'est peut-être qu'un singe perfectionné, ou le singe un homme abâtardi. Pourquoi ne pas dire aussi bien que l'ours est au singe ce que le singe, dit-on, est à l'homme? Tous les animaux sont sur le même type, c'est vrai, et ce type n'est modifié que selon les circonstances biologiques; mais Dieu a créé un homme et un singe.

Enfin, messieurs, pourquoi limiter ainsi la puissance de Dieu et la réduire à la création d'un couple seul? Comment le Créateur de cet admirable univers ne saurait créer qu'un couple? Pourquoi l'aurait-il fait, quand tout dans la nature a si bien sa raison d'être? Quoi, il aurait laissé la vaste superficie de notre globe inhabitée par l'espèce humaine, tandis qu'un seul petit coin aurait eu, pendant des milliers d'années, le privilége d'être habité par une créature telle que l'homme? Pourquoi ne supposons-nous pas aussi bien qu'il n'a créé qu'un couple de chaque espèce animale ou végétale pour peupler notre globe? et, s'il l'a fait, comment expliquerez-vous alors le passage des animaux ou des plantes dans l'Amérique, dans l'Australie, etc.? Chaque fois que nos émigrants de l'ancien continent sont arrivés dans une portion de ce continent, jusqu'alors inconnue pour eux, loin de leur patrie d'origine; chaque fois que nos vaisseaux ont abordé dans une île de quelque importance, si éloignée que vous la supposiez, n'ont-ils pas rencontrés des autochthones? Soit des hommes à peu près semblables à eux-mêmes, soit des sauvages qui différaient beaucoup d'avec eux, tant par la conformation physique que par les mœurs, le langage? D'où venaient ces peuplades? Pourquoi ces aborigènes? Si l'origine est la même, pourquoi cette différence dans les individus? Pourquoi cette répulsion innée de l'autochthone envers celui qui vient aborder au rivage? D'où viennent ces luttes jusqu'à l'extermination de l'un ou de l'autre? Mais surtout comment expliquer d'une manière rationnelle le transport d'un ou de plusieurs couples de la portion habitée du globe dans des régions si lointaines et d'un accès si difficile? Par quels moyens ces couples auraient-ils pu se transporter si loin du berceau de leur origine? Puis, enfin, pourquoi ne trouvons-nous de nègres qu'en Afrique? De peaux rouges que dans le nord de l'Amérique? Des individus de races mongoliques qu'en Asie? Pourquoi ne voyons-nous pas des esquimaux en Patagonie, et des naturels de l'Océanie dans nos contrées? N'est-ce pas parce que ces races d'hommes

sont créées en rapport avec la nature des climats où nous
les trouvons.

L'homme est-il plus que l'animal, que le végétal, que le
minéral, la créature de Dieu? Pourquoi donc si Dieu a
peuplé d'herbes et d'animaux un coin quelconque de l'univers, n'y aurait-il pas mis aussi cet autre animal que nous
appelons l'homme? Est-ce que nous nous croyons d'une nature tellement perfectionnée, que nous supposons que Dieu
a dû faire pour nous autrement que pour les autres créatures? Alors, si Dieu a créé plusieurs couples d'animaux de
même sorte, qu'il a répandus en tous lieux pour qu'ils y
vivent, s'y propagent et peuplent la surface du globe, il a dû
en faire autant pour l homme. La même graine n'a pas
donné naissance à l'herbe de nos coteaux et à celle des prairies de l'Amérique.

Voyons-nous vivre au milieu de nous les peuples de la
Laponie ou les Esquimaux? Pouvons-nous vivre nous-mêmes
dans les climats de l'Inde ou du Sénégal? Et les populations
de la Guinée se reproduisent-elle au milieu de nous, comme
dans leur pays natal? Certaines plantes, que nous élevons à
grands frais dans nos serres, pourquoi diffèrent-elles tant de
celles qui poussent dans les terrains où elles prennent naissance? Là, elles y vivent d'elles-mêmes et se propagent sans
culture. Pourquoi quand nous amenons chez nous les animaux des pays étrangers, dont le climat diffère essentiellement du nôtre, succombent-ils bientôt sous les ravages de la
phthysie après avoir perdu leur énergie et leur caractère?
Et pourquoi nous-mêmes, quoique habitant une région mi-
toyenne, lorsque nous nous transportons à l'extrême nord
ou sous l'équateur, perdons-nous bien vite aussi notre
énergie et notre vitalité? Nous y passons quelques années
peut-être en bonne santé, mais nous ressentons bientôt
l'impérieuse nécessité de revenir sous notre climat d'origine
refaire notre constitution profondément altérée.

Comment l'acclimatation se serait-elle faite autrefois,
quand elle est impossible aujourd'hui? et pourquoi chercher
tant de moyens si difficiles, pour ne pas dire impossibles,
pour expliquer le transport d'un continent sur l'autre ou

dans une île, d'un couple qui est venu peupler cette portion du globe? Que de suppositions ne faut-il pas faire? Et puis surgira encore la difficulté d'expliquer comment le Patagon est d'une taille plus élevée que celle de l'Esquimau; comment la tête est devenu carrée en Mongolie, la peau cuivrée dans l'Amérique du Nord, noire en Éthiopie, etc. Tandis qu'il est si simple, si rationnel, si conforme à l'observation et au sentiment général, si digne de la puissance de Dieu, d'admettre la création de plusieurs couples destinés à peupler la surface de la terre; d'admettre que ces couples aient entre eux ces différences de conformation, indispensables au climat sous lequel ils doivent vivre, à l'air qu'ils doivent respirer, à l'eau dont ils devront se servir, et enfin aux animaux et aux végétaux au milieu desquels ils vont se trouver ou dont ils vont se nourrir ; ces différences ne se rencontrent-elles pas dans toutes les œuvres du Créateur? ne les rencontrons-nous pas dans les animaux, dans les oiseaux, dans les poissons, etc., comme dans les plantes, comme dans les minéraux?

Ainsi s'explique naturellement les différences de langues, de mœurs, d'habitude, de conformation physique, superficielle ou profonde, que nous remarquons chez les différents peuples et chez les différentes races de notre globe; différences d'autant plus profondes, que les peuples sont plus éloignés les uns des autres ou que leur souche originelle offre plus de variétés, comparée à celle près de laquelle ils se trouvent; mais différences toujours parfaitement en rapport avec le milieu dans lequel doit vivre la race que l'on considère.

Vous le voyez, messieurs, ainsi que je vous le disais en commençant, je n'ai parlé ni des travaux éminemment consciencieux de M. Serres, ni des leçons et des recherches de M. Flourens, ni des travaux érudits de M. de Quatrefages. Je n'ai pas même cité la *Revue anthropologique* de M. Broca et de ses savants collaborateurs; j'ai passé sous silence les assertions du docteur Virchow, de Berlin, l'*Étude*, de Lubboch, *sur les premiers âges de l'humanité*, comme aussi l'*Anthropologie fantaisiste*, de Darwin, tout aussi bien que les

travaux du docteur Charnock et ceux de la Société anthropologique de Londres, enfin je n'ai pas même mentionné les
ouvrages de L. Figuier. J'y reviendrai une autre fois; mais
aujourd'hui je ne voulais pas comparer entre eux ces différents travaux. Le but que je me proposais était de vous
parler seulement des races humaines, de faire de la science
d'observation, et un travail ne se fondant que sur les connaissances acquises et reconnues, et non sur celles qui sont
en discussion.

Mais, soit dit en passant, si l'on trouve que les Prussiens,
étant finno-sclaves, ne sont pas de la grande famille Aryenne
et conséquemment ne sont pas de même souche que nous,
alors plus que jamais le système que je développe est-il le
seul vrai, le seul rationnel. Toutefois, si l'on n'admet pas
une fraternité que je nie, il est vrai, comme descendant d'un
même couple, il faut pourtant la reconnaître comme créature sortant des mains du même Créateur. Pour moi, les
animaux qui nous entourent sont nos frères, au moins
autant que les Prussiens qui nous bombardent, que les pé-
troleurs qui nous assassinent et nous incendient, ou que les
Cannibales qui nous font rôtir pour nous manger.

La science de l'anthropologie est en voie de progrès et
marche à pas de géant en ce moment. Les découvertes déjà
faites, celles que l'ont fait chaque jour, ne tarderont pas à
démontrer que sur ce point la science n'avait pas les rensei-
gnements voulus pour être assise sur des bases indiscutables
et que ces bases vont bientôt être remplacées par d'autres,
sur lesquelles on édifiera un monument solide, ne reposant
plus sur des mots ou des textes, respectables sans doute,
mais auxquels la science ne doit rien emprunter.

Toutefois, je le répète encore, ce n'est pas de ces travaux
dont je veux m'occuper aujourd'hui ; je laisse à d'autres
plus compétents à prouver que l'apparition de l'homme à la
surface de la terre remonte à une époque effrayante d'anti-
quité, à nous renseigner sur la forme primitive, les mœurs,
le langage, la manière de vivre, la civilisation rudimen-
taire, etc., de nos premiers pères. Je n'ai voulu démontrer
qu'un point, c'est que Dieu a créé plusieurs couples, ou

mieux que tous les hommes que nous voyons aujourd'hui à la surface de la terre ne proviennent pas d'un couple unique.

Voilà, messieurs, les idées que j'avais à vous communiquer sur la diversité des races humaines; ne voyez, je vous prie, dans ce travail, que le désir de vous faire partager ma conviction, si vous la croyez juste et surtout rationnelle.

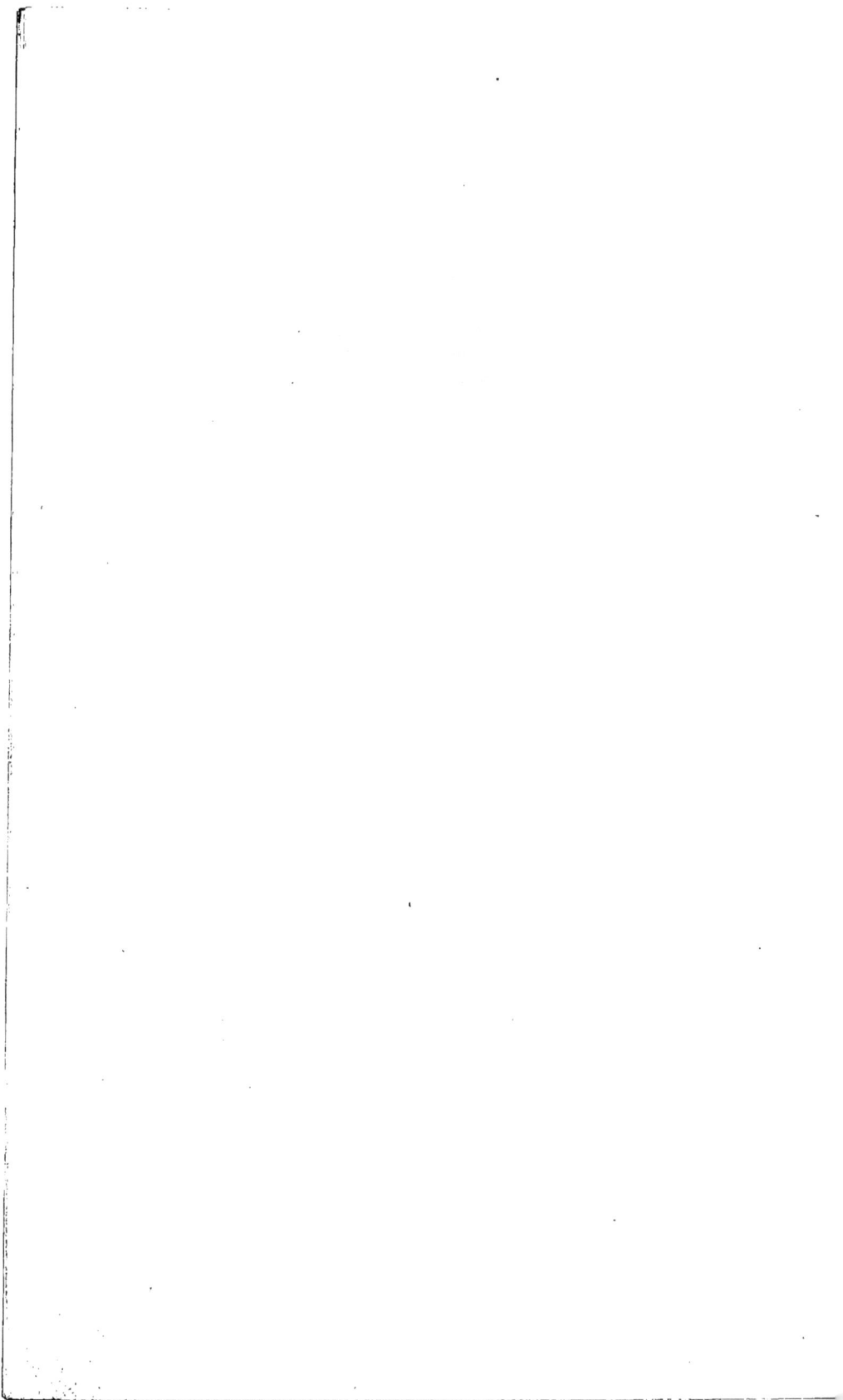

RÉSUMÉ

DES

CONFÉRENCES D'HISTOIRE NATURELLE

FAITES EN 1866

en la Mairie de MELLO (Oise)

PAR LE DOCTEUR A. MILLOT

11 avril 1870.

MESSIEURS,

En terminant cette quatrième année de conférences d'histoire naturelle, nous finissons nos conférences qui ont plus spécialement rapport aux êtres vivants, pensants et se mouvants. L'année prochaine nous continuerons par des notions sur les êtres qui vivent, mais ne se meuvent pas, et nous aborderons ensuite l'étude des êtres qui ni ne vivent ni ne se meuvent.

Mais, avant de clore cette série de leçons, je crois devoir vous donner un résumé de nos principaux sujets d'études.

1866-67. — Nous avons parcouru rapidement la série animale, mais nous nous sommes surtout appesantis sur l'*Etude de l'homme*, comme étant celle qui nous touchait le plus et qui devait plus particulièrement nous intéresser ; en vous donnant ces notions, je vous ai à plusieurs reprises indiqué comment, en même temps, je vous enseignais l'histoire de tous les animaux, et je vous ai mentionné les très-légères modifications qu'il y avait dans la série des êtres vivant et se mouvant à la surface du globe, comparés à notre point spécial d'étude. Je vous ai enseigné que la nature ne procédait jamais par bonds, par sauts, *natura non facit saltus*. Elle passe de l'être le plus complexe, le plus merveilleux, à l'être le plus simple, le moins compliqué, par une série non interrompue d'êtres qui diffèrent essentiellement peu de celui qui les précède dans l'échelle de la création. L'homme occupe le sommet de l'échelle; il est, jusqu'aujourd'hui, l'être le plus parfait de la création ; mais, si je vous ai fait voir cette perfection, je me suis aussi étendu sur les désavantages de sa nature ; nous avons considéré l'homme caucasique comme étant l'être le plus complet, mais nous avons vu que les animaux proprement dits différaient peu, quant à leur nature, de ce type par excellence : nutrition, appareil de locomotion, système nerveux, tout est le même, sauf les modifications dans les organes, nécessitées par les milieux dans lesquels doit vivre l'animal.

Nous avons vu que les poissons, les insectes eux-mêmes ne sont que des échantillons de la même série, et que les zoophytes sont les dernières mailles de cette chaîne des êtres ; et que si différentes que soient au premier coup d'œil les deux extrémités, si on suit chaînon par chaînon, on est tout surpris de voir qu'en effet il est facile de suivre la transition qui existe entre les différents êtres vivants et même entre ceux-ci et les êtres bruts.

De cette étude, messieurs, nous en avons déduit la *nécessité d'un créateur*, d'un être supérieur au plus parfait des êtres que nous voyons autour de nous. Nous savons parfaitement que l'homme est incapable de créer le moindre brin d'herbe, de produire une monade, le plus simple des êtres vivants. Admettre que la création soit l'effet du hasard, ce n'est pas possible, l'arrangement est trop parfait, ma raison se refuse à cette admission. Je reconnais un créateur. Appelons-le Dieu, Providence, Nature, peu importe ; ce n'en est pas moins un être supérieur à nous. Mais quelle est sa forme, sa nature, son passé, son avenir, son rôle actuel vis à vis de ses créatures; messieurs, nous n'avons pas à nous en occuper, et il ne fait pas le sujet de nos leçons. Nous étudions l'histoire de la nature et non pas l'histoire des choses surnaturelles, nous lisons dans le grand livre de la nature, nous étudions seulement les êtres qui se voient, s'entendent, se touchent, etc.

Il n'y a qu'un objet d'études auquel on donne habituellement un rôle surnaturel et qui cependant rentre dans notre domaine, puisqu'on peut aussi bien en trouver l'explication dans les lois de la nature, *c'est la pensée, c'est l'âme.* Car l'âme a son siége dans le cerveau, comme la digestion a son siége dans le tube digestif, comme le mouvement a son siége dans les muscles.

Et si nous accordons à l'âme les trois facultés qui en sont les attributs spéciaux : sensibilité, intelligence et activité, nous devons aussi admettre que *tout animal a une âme,* en proportion directe avec le développement de ses centres nerveux. Car, ou bien il faut admettre que l'animal quand vous le frappez ne le sent pas, qu'il n'a pas le sentiment de la joie ou de la tristesse, que le chien qui voit son maître prendre son fusil ne comprend pas qu'il va aller à la chasse, et que l'animal sauvage qui fuit à votre approche ne désire pas conserver son indépendance et sa liberté, ou bien il faut convenir que l'animal a une pensée, que l'animal a une âme.

Non-seulement l'animal a une âme, mais *il a un langage,* langage que nous ne comprenons pas toujours, il est vrai, mais qui n'en existe pas moins. Les animaux expliquent à leur manière leurs passions, leurs sensations, et souvent il serait facile de traduire dans notre langue les cris qu'ils font entendre. Dirons-nous que le cheval de guerre n'exprime point son ardeur quand il hennit au son de la trompette? Le cri plaintif de la tourterelle, celui du cerf aux abois n'est-il point un langage? Trouvons-nous que le chat, qui rencontre un rival, n'a pas un son de voix tout autre que celui qu'il fait entendre quand il est sur les genoux de sa maîtresse? Du reste, pourquoi les animaux pourvus d'un larynx n'auraient-ils pas une voix, un langage comme nous? pensées, sentiments, passions, organes pour les exprimer, paroles pour les rendre; ils ont tout comme nous l'avons; ils ont des différences de langage selon les espèces, comme nous avons des différences de langues chez les différents peuples et dans les différentes races.

Nous avons vu que, pour répondre à l'objection mise en avant, *que l'instinct seul guidait les animaux et les oiseaux*, parce qu'ils ne font point de progrès et recommencent aujourd'hui ce qu'ont fait leurs parents, sans changement aucun, nous pourrions mettre en regard des peuples, même européens, chez lesquels langage, coutumes, mœurs, habillement, sont aujourd'hui ce qu'ils étaient dans l'origine des temps, et que pour eux aussi le progrès était lettre close et la routine le seul mobile des actions.

Nous avons jeté un coup-d'œil sur les *habitations de l'homme* dans les différentes races; nous avons comparé l'habitation de l'homme civilisé avec la hutte du sauvage et celle du Lapon, puis nous avons comparé celle-ci avec la tanière de l'animal en liberté et le nid des oiseaux, et nous en avons tiré cette conclusion que tout être vivant se construit une demeure sur un plan unique, en rapport avec les instincts de sa nature et les nécessités de son climat.

Nous avons aussi passé en revue les théories pour et contre la *génération spontanée*, et nous avons tranché la question d'une manière absolue, sans nous appuyer sur les observations contradictoires des savants, en disant que chaque fois que l'humidité, la chaleur et l'air ambiant se trouvaient dans les conditions voulues selon les lois immuables du Créateur pour la naissance à la vie, soit d'un animal, soit d'un végétal, il y avait combinaison des éléments nécessaires à la création d'un être nouveau, que cet être nouveau était créé, et que c'était ainsi que nous devions nous expliquer l'apparition successive des êtres vivants ou bruts à la surface de notre globe.

Je vous ai démontré que la nature ne procédait point par sauts ou par bonds, et que cet enchaînement des êtres à la surface de la terre me faisait dire que nécessairement *plusieurs races d'hommes* avaient dû être créées par Dieu pour peupler la terre, qu'un seul couple n'avait pas suffi pour donner naissance aux différentes espèces de races humaines, que la transition entre l'homme caucasique et le singe était trop brusque et que le nègre et le sauvage formaient cette transition, que les résultats de la science et de l'observation confirmaient en tous points ce que je vous avançais. Et aussi je vous ai fait connaître les différences essentielles et organiques qui existent entre les races humaines et qui en font des *espèces* parfaitement distinctes, à plus forte raison je ne vous ai pas dit que l'homme était un singe perfectionné ou le singe un homme abâtardi. Dieu a créé un homme et un singe.

Dans cette manière de voir que je puisais tout entière dans l'étude comparée des types des diverses races qui diffèrent entre eux sous tant de rapports, je vous faisais remarquer que je n'affaiblissais en rien la puissance du Créateur. Celui qui a créé un homme a bien le pouvoir d'en faire plusieurs. Nous ne cherchons pas si Dieu n'a créé qu'un couple de chaque animal pour peupler l'Europe et l'Amérique, si la même graine a suffi pour couvrir les plaines de l'ancien monde, et s'il n'a pas fallu transporter dans les îles que nous découvrons des échantillons d'herbes pour garnir les prairies. Pourquoi restreindre la puissance de création de Dieu?

Non-seulement Dieu a créé plusieurs couples, mais *l'homme n'est point la créature la plus parfaite* qui puisse sortir de ses mains. Pauvres êtres sujets à la faim, à la maladie, à la mort, nous voudrions que celui qui a fait l'uni-

vers ne puisse faire mieux que nous! mais, avant l'homme,
le mastodonte pouvait se croire, lui aussi, la plus parfaite
expression de la puissance de Dieu. Que Dieu modifie les
proportions de l'air respirable, qu'il augmente la dose d'oxi-
gène, et nous voilà impuissants à supporter cette dose trop
forte de matière indispensable cependant à l'entretien de
notre vie, et la créature qui la supportera, notre arrière-
neveu peut-être, sera une créature plus perfectionnée que
nous.

Ces observations, messieurs, sont le résumé des différents enseignements qui ont fait l'objet de nos conférences
dans la première année. J'ai cru devoir vous les repré-
senter dans cette dernière leçon. Elles sont pour moi, du
moins, une manière d'envisager, comme il convient, l'ensemble si merveilleux de tous les êtres qui nous entourent,
et nous donnent une juste idée de la puissance du Créateur.

Dans cette même année, nous nous sommes entretenus
longuement des *premiers soins* à donner lors des divers acci-
dents dont nous pouvons être témoins. Car des soins bien
appliqués peuvent sauver la vie en attendant le médecin ;
nous avons passé en revue les noyés, les pendus, les
asphyxiés, etc., etc.

Du reste, dans tout le cours de nos études, je vous ai indiqué la nature et le mode d'application des traitements
simples, de manière à vous permettre d'apporter des secours
utiles et de donner des soins rationnels.

1867-68. — Dans *la seconde année* nous vous avons déve-
loppé *les organes de la nutrition, ceux du mouvement, ceux de
la pensée, ceux même de la reproduction.* Nous nous sommes
étendus pendant toute cette seconde année sur cet admirable ensemble d'organes qui constitue le corps, qui permet
à l'animal de vivre, de se mouvoir, de penser, de se reproduire ; nous avons étudié les organes et leurs fonctions, et
les tableaux d'Achille Comte, que nous avions sous les yeux,
vous ont permis de suivre pas à pas les démonstrations que
l'on vous enseignait.

Cette même année, nous nous sommes entretenus des

défauts physiques de certaines constitutions; nous vous avons parlé des monstres selon la nature, la *tératologie*. Et nous avons aussi parlé des monstres selon la civilisation, c'est-à-dire que nous avons parlé des défauts, des vices que l'on remarque chez certains individus. Mais nous nous sommes aussi étendus sur les qualités morales qui sont l'apanage heureux de beaucoup de natures. Nous avons vu que quelquefois l'éducation ne ramenait pas certaines natures vicieuses, de même que les appareils orthopédiques ne rémédaient pas toujours aux vices de conformation physique.

1868-69 et 1869-70. — *Depuis deux ans* nous avons étudié les sages leçons de *l'hygiène*. Nous nous sommes très-longuement étendus sur tout ce qui fait l'objet de cette précieuse science d'apprendre à bien vivre et de conserver une santé florissante. Nous avons étudié les tempéraments, les âges, l'air, le sol, les eaux. En étudiant les aliments, nous avons étudié l'influence de ces aliments sur le physique et sur le moral de l'homme. Nous avons traité l'allaitement, les boissons, l'influence du tabac, les sécrétions, les vêtements, les mouvements; puis, en vous parlant de l'encéphale, nous avons abordé le système de Gall, la théorie de Lavater, les rêveries de Desbarolles, et aussi nous nous sommes entretenus sur la mort par la décapitation. Puis, enfin, nous avons passé en revue les différentes branches de l'hygiène publique, les races, les localités, les climats, les habitations, les épidémies, les professions, etc.

J'ai cherché, dans ce cours, à vous mettre à l'abri des préjugés ou à extirper ceux dont vous pouvez être les témoins. Vous vous rappellerez, messieurs, que mon but est surtout de vous faire voir les choses au point de vue de la raison et de la science, et de combattre par tous les moyens possibles les préjugés, la routine et l'erreur.

1870-71-72.... — L'an prochain, messieurs, nous étudierons *la botanique*. Toutefois nous ne ferons pas une étude approfondie de cette science; après vous avoir indiqué les principaux organes de la vie chez les plantes, nous passerons en revue les familles et les espèces utiles ou nuisibles à l'homme et aux animaux domestiques. Ce sera un cours de botanique appliquée aux besoins de la vie. Les productions végétales, utiles ou nuisibles, sont les seules qui doivent nous intéresser.

Ensuite nous étudierons la matière brute. Je vous donnerai quelques notions de *minéralogie* ; puis nous passerons en revue les principaux phénomènes qui ont précédé l'apparition de l'homme à la surface de la terre, et ceux dont il est le témoin chaque jour. Après avoir étudié ce qui se trouve à la surface de la terre, il est rationnel d'étudier les entrailles de notre globe ; nous nous étendrons donc sur l'étude si attrayante de la *géologie*, comme aussi de la *géographie physique* de notre planète.

Enfin, messieurs, nous passerons en revue les *sciences physiques* et *chimiques*, et vous verrez que ces branches de la science, si arides qu'elles paraissent au premier coup-d'œil, n'en sont ni moins belles, ni moins faciles que celles que nous avons vues et que vous avez tous comprises. Lorsque nous nous occuperons de *cosmographie*, *d'atmosphérologie* et de *climatologie*, vous comprendrez ces mots qui ne sont effrayants que pour ceux qui ne les envisagent que de loin.

Du reste, messieurs, dans ces différentes études je sais bien que je ne fais que remémorer à beaucoup d'entre vous ce qu'ils ont étudié autrefois, et que s'ils assistent aux conférences que j'ai l'honneur de vous faire, ils y viennent plus par sympathie pour le professeur que pour acquérir de nouvelles connaissances. Quelques uns d'entre vous ne sont pas au courant de ces sciences, et c'est pour eux surtout que je suis heureux de venir développer ici les notions des différentes branches d'études dont nous nous occupons.

J'espère, messieurs, que l'année prochaine, comme les années qui viennent de s'écouler, vous verra aussi assidus à nos leçons du soir et aussi empressés à venir écouter, ou vous remémorer, ce qui fera le sujet de nos conférences.

En terminant, permettez-moi, messieurs, de vous remercier de la toute bienveillante attention que vous m'avez apportée, de l'empressement que vous avez mis à venir assister à mes leçons et de la sympathie dont vous n'avez cessé de mentourer. Ceci me fait un devoir, en même temps que c'est une douce satisfaction pour moi, de continuer ce que j'ai commencé.

Docteur Auguste MILLOT,

Ancien maître de conférences d'histoire naturelle au collège royal de Henri IV (actuellement lycée Corneille).

BEAUVAIS, IMPRIMERIE EUGÈNE LAFFINEUR.

www.ingramcontent.com/pod-product-compliance
Lightning Source LLC
Chambersburg PA
CBHW060459210326
41520CB00015B/4015